Sitzungsberichte
der Akademie der Wissenschaften
der DDR
Mathematik — Naturwissenschaften — Technik

Jahrgang 1989 · Nr. 7/N

Werner Schatt

Versuch einer einheitlichen Betrachtung von Sintervorgängen

AKADEMIE-VERLAG BERLIN
1989

Vortrag von Werner Schatt, Korrespondierendes Mitglied
der Akademie der Wissenschaften der DDR,
aus der Sitzung der Klasse Werkstoffwissenschaft
der AdW der DDR am 12. Januar 1989 in Dresden

Herausgegeben im Auftrage
des Präsidenten der Akademie
der Wissenschaften der DDR
von Vizepräsident Prof. Dr. Hans-Heinz Emons

ISBN 3-05-500530-9
ISSN 0138-3965

Erschienen im Akademie-Verlag Berlin, Leipziger Straße 3–4, DDR-1086

Lizenznummer: 202 · 100/303/90
Printed in the German Democratic Republic
Gesamtherstellung: VEB Druckhaus Köthen
LSV 3725
Bestellnummer: 7640865 (2010/89/7/N)

1. Einleitung

Die „klassische Sintertheorie“ sowie die weitaus meisten Sinterexperimente haben einen isothermen Sintervorgang zum Gegenstand [1], bei dem die Schwindung $\varepsilon = f(t)$ das Verdichtungsverhalten für konstante hohe homologe Temperaturen T/T_m charakterisiert. Jedoch bereits während des Aufheizens laufen Sintervorgänge ab, denen zufolge, je nach den technologischen Bedingungen, rund 30 bis 90% der Gesamtverdichtung des Preßlings realisiert werden. Für gleiche Pulver, Sinterzeit t und -temperatur T beispielsweise fällt dieser Anteil um so größer aus, je geringer die Gründichte GD des Preßlings ist [2]. Werden, wie die Regel, die der Sinterverdichtung zugrunde liegenden Materialtransportvorgänge anhand von $\varepsilon = f(t)$-Kurven diskutiert und erklärt, so ist das nicht nur irreführend, sondern auch den Bemühungen um eine einheitlichere Betrachtungsweise des technischen Sinterns d.h. der Vernichtung von Porenraum, abträglich oder gar zuwiderlaufend. Das Verständnis der Materialtransportvorgänge in einem sinternden Pulverpreßling wird sich in dem Maße vertiefen können, wie die Verdichtungsprozesse in der nichtisothermen Aufheizphase bekannt sind.

2. Phänomen des nichtisothermen Sinterns

Die Kinetik des nichtisothermen Sinterns zeigt einige Charakteristika, die zu ungewohnten Fragestellungen herausfordern. Die dazu bekannt gewordenen, allerdings wenig systematischen Untersuchungen an Preßlingen aus metallischen und nichtmetallisch-anorganischen Pulvern, die unter Anwendung einer konstanten Aufheizgeschwindigkeit v_A oder einer stufenweisen Erwärmung vorgenommen wurden, weisen übereinstimmend das Auftreten einer gesteigerten und unter Umständen noch bis in die ersten Minuten des isothermen Sinterns hineinreichenden Verdichtungsintensität (Sinteraktivität) aus (Schwindungsintensivstadium).

Das auffallendste Merkmal einer erhöhten Sinteraktivität für alle Arten des Sinterns sind die für $v_A = \text{const}$ im Temperaturbereich $\gtrsim 0{,}5\ T_m$ (T_m absolute Schmelztemperatur) zu beobachtenden Maxima der Schwindungsgeschwindigkeit $\dot{\varepsilon}$. Solche wurden u.a. für ThO_2, CaF_2 und CeO_2 [3], Cu, Ni, Al_2O_3 und ZrO_2 [4] [5] sowie Si_3N_4, $Si_3N_460SiC40$, W98Ni1Fe1, Cu96Si4 und verschiedene NiCo-Sinterlegierungen (Bild 1, 2, 13, 14) gefunden. $\dot{\varepsilon}_{max}$ fällt um so größer aus und tritt in der (nichtisothermen) Aufheizphase zeitlich um so eher auf, je höher v_A [3] bis [6] und je geringer die mittlere Pulverteilchengröße $\bar{L}_P$ sowie GD, d.h. der Preßdruck, sind [7]. Treten mehrere aufeinanderfolgende $\dot{\varepsilon}$-Maxima auf, so ist das einem Wechsel der Art des vorherrschenden Materialtransports zuzuschreiben (Bild 1) [7].

Aus der Gegenüberstellung von berechneten und an MgO-gedopten Al_2O_3-Preßkörpern gemessenen $\dot{\varepsilon}$-Werten kommen C. S. Morgan und V. J. Tennery [5] zu dem

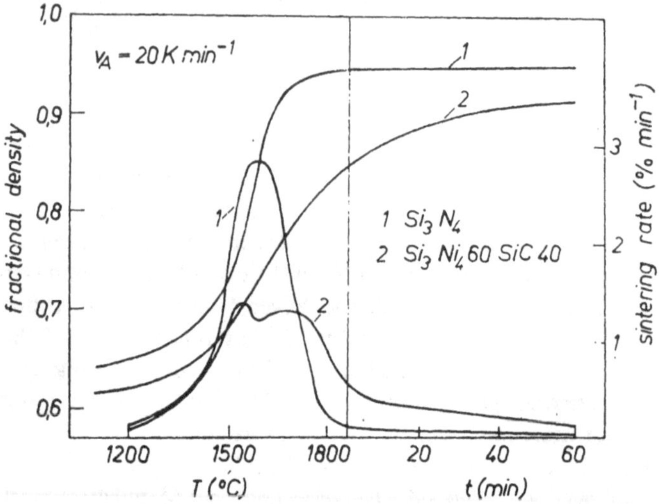

Bild 1 Dichteänderung und Schwindungsgeschwindigkeit von Si_3, N_4- und Si_3N_460 SiC 40-Pulverpreßkörpern (nach [8]); die zwei im Fall der $\dot{\varepsilon}$-Kurve 2 auftretenden Maxima sind dem Auftreten jeweils verschieden zusammengesetzter schmelzflüssiser Phasen zuzuordnen

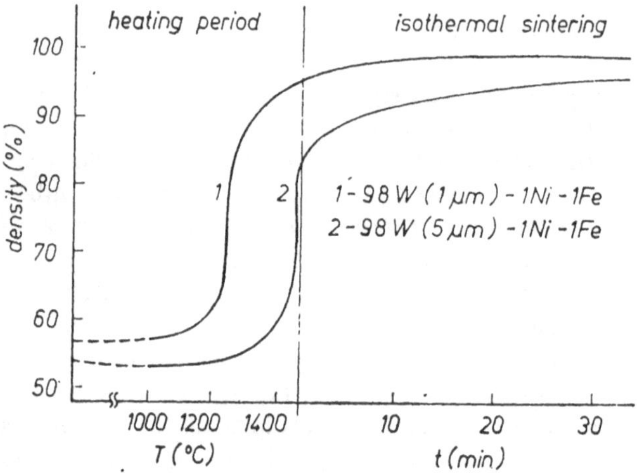

Bild 2 Dichteänderung von Schwermetallsinterkörpern unterschiedlicher Ausgangspulverteilchengröße; ab 1460°C tritt eine schmelzflüssige Phase auf; $v_A \approx 100$ K min^{-1} (nach [9])

Schluß, daß sich die für den nichtisothermen Bereich kennzeichnende Verdichtungskinetik nicht mit einem allein diffusionsbedingten Materialtransport in Einklang bringen läßt. $\dot{\varepsilon}$ ist in der Aufheizphase größer als es Diffusionsprozesse erlauben. Die Autoren nehmen die Mitwirkung von Versetzungen an. B. Ja. Pines [10] und Ja. E. Geguzin [6] stellen fest, daß die von ihnen beobachteten $\ddot{\varepsilon}$-Maxima, die Wendepunkten der ε-Kurven entsprechen, nicht mit einer Diffusion unter Gleichgewichtsbedingungen, wo sich der Volumendiffusionskoeffizient $D_V \sim \exp(-Q/RT)$ monoton mit der Temperatur ändert, vereinbar sind. Sie führen die ungewöhnliche Schwindung auf im gestörten (verspannten) Gitter existente Überschußleerstellen zurück. Diese bedingen unter der Wirkung von Kapillarkräften einen verstärkten, in den Porenraum gerichteten Materialstrom, dem sich formal ein effektiver Diffusionskoeffizient $D_{eff} \gg D_V$ zuordnen läßt. Als Überschußleerstellenquelle nennt B. Ja. Pines Versetzungen [10]. Auch die von V. A. Ivensen [11] angestellte Analyse der Resultate von Stufensinterexperimenten mit Reduktionsnickelpulverpreßkörpern führt zu der Folgerung, daß das $\dot{\varepsilon}$-Maximum der Aufheizphase nicht mit Diffusion erklärt werden kann (Bild 3).

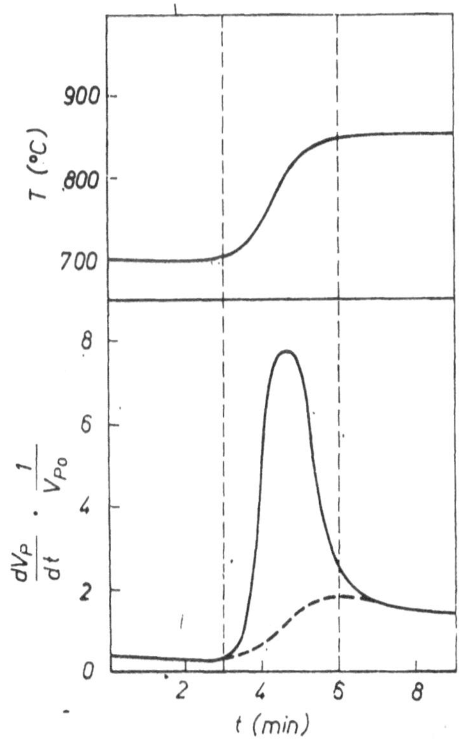

Bild 3 Verlauf von Temperatur T und Geschwindigkeit der Porenschrumpfung dV_P/dt. V_{Po} im Stufensinterversuch für Preßlinge aus Ni-Reduktionspulver (nach [1]); die gestrichelte Kurve gibt die Porenschrumpfungsgeschwindigkeit wieder, die aufgrund der kinetischen Parameter des isothermen Sinterns zu erwarten wäre

Als Ursache der hohen $\dot{\varepsilon}$-Werte wird ein spezifischer, direkt mit dem Sinterablauf assoziierter Zustand des Sinterkörpers angesehen, der durch die Annihilation ursprünglicher sowie neu entstehender (aktiver) Defekte der Realstruktur gekennzeichnet ist [10] [1].

Aufgrund der Ergebnisse bisheriger Untersuchungen zum nichtisothermen Sintern und der zu ihrer Erklärung geäußerten Vermutungen erhob sich die Frage nach den tatsächlichen Materialtransportvorgängen, die die starke nichtisotherme Schwindung bedingen und damit auch die Eigenschaften des aus dem Sinterprozeß hervorgehenden Sinterwerkstoffs maßgeblich mitprägen. Da die erörterten Phänomene bei allen Arten des Sinterns anzutreffen sind, könnte eine Antwort darauf außerdem den Weg zu einer in höherem Maße verallgemeinerten Vorstellung vom Sintern schlechthin eröffnen. Dabei war davon auszugehen, daß die gerichtete Volumendiffusion, die im (Binde-) Sinteranfangsstadium vorherrscht (Bild 16) und das Diffusionskriechen als Nabarro-Herring-Mechanismus, wie früher für das Intensivschwindungsstadium allgemein angenommen [12], kaum in Betracht kommen (Bild 4) [13] [14] (s.a. Bild 10).

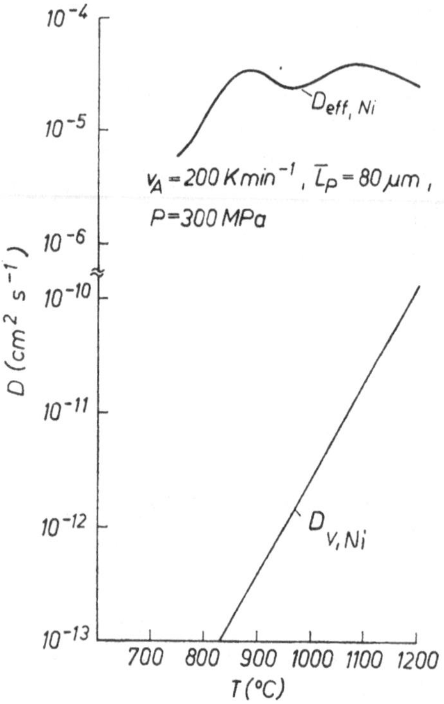

Bild 4 Gegenüberstellung des Gleichgewichtsvolumendiffusionskoeffizienten von Nickel $D_{V,Ni}$ in Abhängigkeit von der Temperatur T und jenes Volumendiffusionskoeffizienten $D_{eff,Ni}$, den man erhält, wenn in die für $\dot{\varepsilon}$ umgeformte Nabarro-Herring-Gleichung der Kriechgeschwindigkeit die bei den jeweiligen T experimentell ermittelten $\dot{\varepsilon}_{max}$-Werte eingesetzt werden und die Gleichung nach D_V aufgelöst wird (M. Hinz, W. Schatt)

3. Vorgänge im Schwindungsintensivstadium

Im vergangenen Jahrzehnt wurden wichtige Voraussetzungen geschaffen, die eine systematische Untersuchung von Sinterreaktionen im Stadium des intensiven Schwindens ermöglichen. Dazu gehören vor allem

- die Beobachtung der Bildung von Zonen erhöhter Versetzungsdichten N im Kontaktbereich von monokristallinen Kupfer-Kugel-Platte-Modellen ($N \approx 10^9 \ldots 10^{10}\ cm^{-2}$) und die Ermittlung ihrer Kinetik während des isothermen Sinterns sowie die Übertragung sich daraus ergebender Vorstellungen auf reale Kupfer-Sinterkörper (Preßlinge) [15] bis [18];
- die aus der quantitativen Analyse des Sintergeschehens von mono- und unterschiedlich polykristallinen Kupfer-Kugelreihen resultierende Feststellung, daß die Hochenergie-Kontaktkorngrenzen im Streben nach „Relaxation" den überragenden Einfluß auf den Materialtransport in den Sinterkontakt ausüben, gegenüber dem der der Großwinkelkorngrenzen innerhalb der Pulverteilchen vernachlässigbar gering ist [19] bis [21];
- die Verfügbarkeit diagnostischer Methoden, insbesondere der Kossel-Technik und der Positronenannihilationsspektroskopie, die es gestatten, den durch die Defektdichte gegebenen Strukturzustand in Modell- und Realobjekten in Abhängigkeit von den technologischen Parametern quantitativ zu beschreiben [22] bis [24].

3.1. Einkomponenten-Festphasensintern

Die beim Sintern von Preßkörpern aus Ni- und Cu-Pulvern verschiedener Art unter Variation der mittleren Pulverteilchengröße $\overline{L}_P$, des Preßdruckes P (MPa) bzw. der Gründichte GD und der Aufheizgeschwindigkeit v_A erhaltenen ε-, $\dot{\varepsilon}$- und $\overline{\tau}$-Kurvenzüge liefern ein übereinstimmendes Bild vom Sintergeschehen im Stadium intensiver Verdichtung (Bild 5, 6) in das sich auch die Ergebnisse vorangegangener Arbeiten [7], [25] einfügen.

Die mittels Positronenannihilationsspektroskopie gemessene mittlere Lebensdauer $\overline{\tau}$ der Positronen ist der Dichte aller Defekte im Probenkörper proportional; der Abfall der $\overline{\tau}$-Werte von $\approx$200 ps auf $\approx$100 ps entspricht einer sich über Größenordnungen erstreckenden Änderung der Defektdichte. Von den im Sinterkörper existenten Defekten ist aus verschiedenen Gründen zu erwarten, daß allein Mehrfachleerstellen und Versetzungen für den $\overline{\tau}$-Kurvenverlauf signifikant sind. Dabei dürften die maximalen $\overline{\tau}$-Werte vor Beginn des intensiven Schwindens vor allem Mehrfachleerstellen zuzuschreiben sein, die sich im Verlauf der Umwandlung der Kontaktgrenze hoher in Richtung auf eine Großwinkelkorngrenze niedrigerer Energie bilden, indem aus dem Kontakt emittierte Leerstellen im benachbarten Volumen agglomerieren. Bei genügend hohen homologen Temperaturen T/T_m gehen die Leerstellenkonfigurationen thermisch aktiviert in kletterfähige Versetzungen über. Der Übergang Leerstellenkonfiguration/

Versetzung ist begünstigt, wenn die Stapelfehlerenergie einen kritischen Wert ($\approx 5 \cdot 10^{-3}$ Gb) übersteigt, was für Ni ($16{,}2 \cdot 10^{-3}$ Gb) und Cu ($15{,}4 \cdot 10^{-3}$ Gb) zutrifft [26]. Die so im Kontaktbereich entstandenen hohen Versetzungsdichten N ermöglichen einen für hohe Temperaturen und geringe Spannungen typischen Deformationsmechanismus, das Versetzungskriechen, das der Träger des intensiven Schwindungsgeschehens im nichtisothermen Stadium ist. Ursache der Kriechdeformation sind nichtkon-

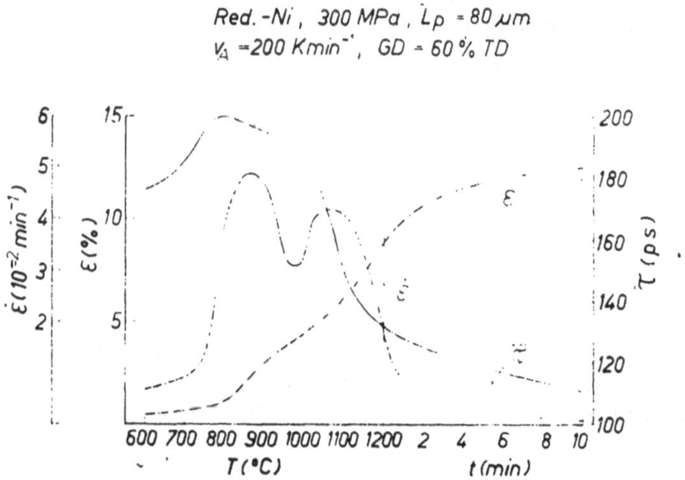

a

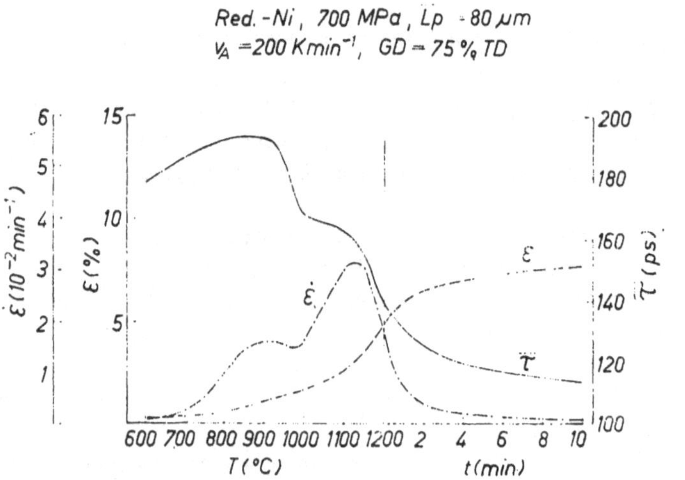

b

Bild 5 ε-, ε̇- und τ̄-Kurven von Sinterkörpern, die aus Reduktionsnickelpulver hergestellt wurden; a) P = 300 MPa, GD = 60% TD; b) P = 700 MPa, GD = 75% TD (M. Hinz, W. Schatt, R. Krause, G. Dlubek) servative Versetzungsbewegungen (Klettern), denen zufolge Versetzungen „verbraucht" werden (Erholung), so daß die Versetzungsdichte N und damit auch $\bar{\tau}$ abnehmen. Ein von den Leerstellenkonfigurationen direkt getragener Materialtransport ist wegen der dafür erforderlichen hohen Aktivierungsenergie unwahrscheinlich.

In den Bildern 5 und 6 sind an Ni- und Cu-Sinterkörpern aufgenommene ε-, $\dot{\varepsilon}$- und $\bar{\tau}$-Verläufe als Funktion von T (nichtisotherme Aufheizphase) und t (isothermes

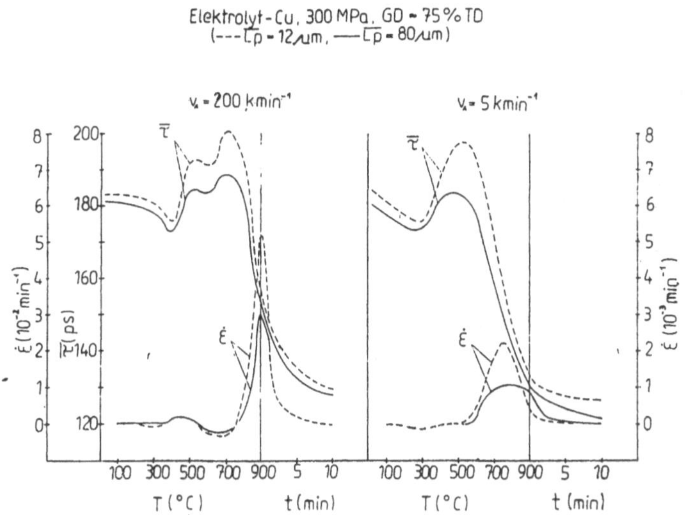

a

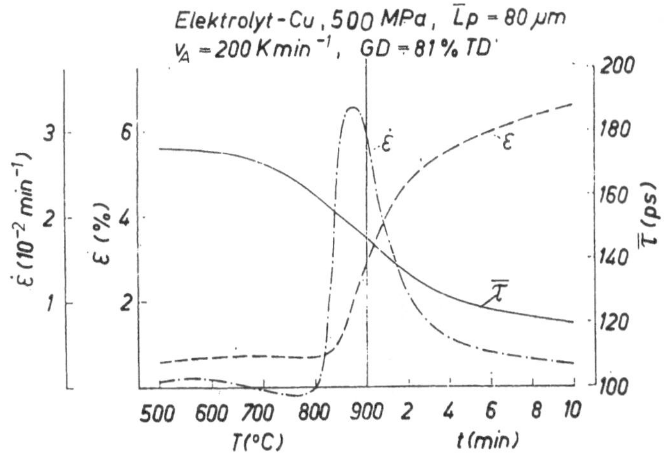

b

Bild 6 ε-, $\dot{\varepsilon}$- und $\bar{\tau}$-Kurven von Sinterkörpern, die aus Elektrolytkupferpulver hergestellt wurden; a) P = 300 MPa, GD = 75% TD; b) P = 500 MPa, GD = 81% TD (B. Vetter, W. Schatt, R. Krause, A. Polity)

Sintern) dargestellt. Die den unterschiedlich geneigten Bereichen der $\bar{\tau}$-Kurven entsprechenden $\dot{\varepsilon}$-Maxima zeigen die Dominanz zweier Transportvorgänge an, die unter der Einwirkung der Kapillarkräfte einen gerichteten Materialstrom in den Porenraum verursachen und die rasche Verdichtung des porösen Sinterkörpers bedingen (Bild 7): die Bewegung ganzer Teilchen gegeneinander auf der defektreichen „aufgeweichten“ Kontaktzonensubstanz und, sobald diese Möglichkeit aufgrund der bereits erfolgten Auffüllung größerer Poren erschöpft ist, das Ausfließen von Material aus der Kontaktzone in den Porenraum bei gleichzeitiger Annäherung der Teilchenzentren. Beide Vorgänge, der für das Teilchenabgleiten erforderliche Materialumbau im und der Materialausbau aus dem Kontakt, sind Kriechprozesse und demzufolge, wie der Abfall der $\bar{\tau}$-Kurve verdeutlicht, mit einer stärkeren Erholung der Defekte verbunden.

Die Realität beider Vorgänge läßt sich indirekt über die Variation geeigneter technologischer Parameter, die auf die relative Schwindungsintensität durch Begünstigung des einen oder anderen Vorganges merklichen Einfluß nehmen, verifizieren:

- Bei kleineren Pulverteilchen ($\bar{L}_P$ aber $\gtrsim 1$ μm [27]) ist wegen des größeren spezifischen Kontaktzonenvolumens und der erhöhten Zahl von Poren, die Pulverteilchen aufzunehmen vermögen, eine Teilchenbewegung erleichtert [27] (Bild 6a, 8).

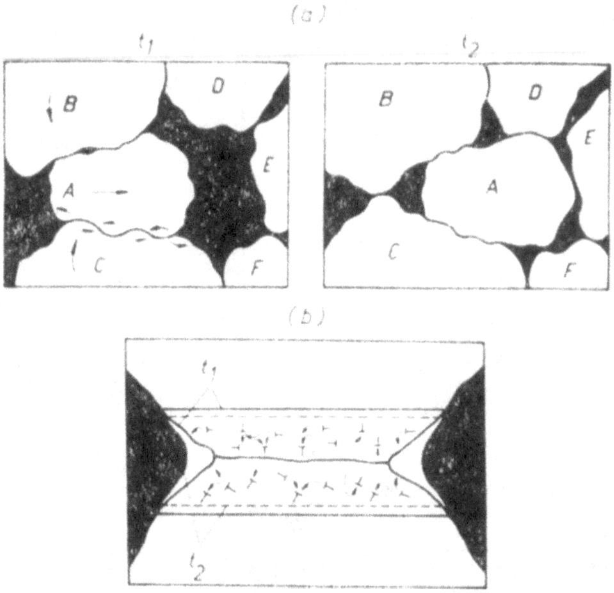

Bild 7 Schematische Darstellung des Materialtransports im Schwindungsintensivstadium; a) Bewegung der Teilchen als Ganzes, b) Ausbau von Material aus der Kontaktzone bei gleichzeitiger Annäherung der Teilchenzentren

– Mit zunehmendem Preßdruck, d.h. steigender Gründichte GD, wird die Teilchenbewegung eingeschränkt (Bild 10) und die relative Schwindungsintensität in Richtung Materialausbau aus dem Kontakt verlagert [7] (Bild 5, 6, 9). Bei sehr hohen GD (und hochsinteraktiven Pulvern) kann die Teilchenbewegung völlig unterdrückt sein und nur ein $\dot{\varepsilon}$-Maximum auftreten (Bild 6b).

– Die Steigerung der Aufheizgeschwindigkeit v_A hat zur Folge, daß vorzeitige Erholungsvorgänge teilweise unterdrückt werden und mehr Defekte in den Bereich erhöhter Temperatur und Beweglichkeit gelangen, wodurch beide ursächlich von der Defektdichte abhängigen Transportmechanismen eine Intensivierung erfahren [7] (Bild 6a, 8).

Weitere Hinweise für einen Materialtransport durch die Bewegung ganzer Pulverteilchen liefern Messungen der Porengrößenverteilung [7], [28] und des spezifischen

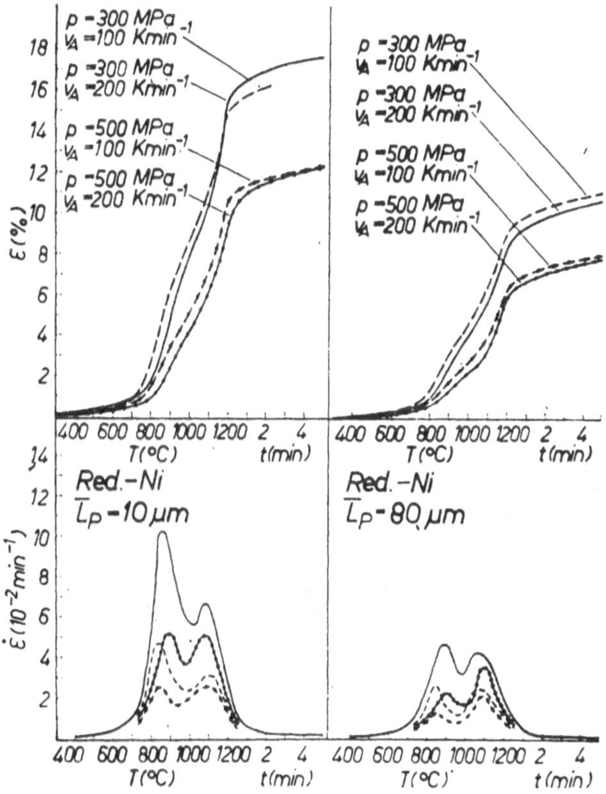

Bild 8 ε- und $\dot{\varepsilon}$-Kurven für unterschiedliche $\overline{L}_P$ in Abhängigkeit von verschiedenen technologischen Parametern; T_{isoth} = 1200°C (nach [7])

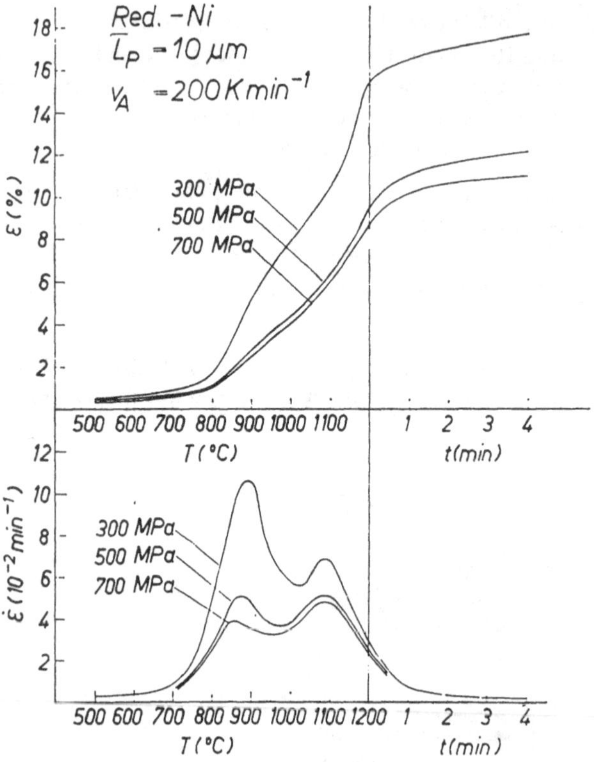

Bild 9 ε- und $\dot{\varepsilon}$-Kurven für unterschiedliche Preßdrücke (nach M. Hinz, W. Schatt)

elektrischen Widerstandes [29]. Sowohl bei Cu- als auch Ni-Sinterproben waren nach Durchlaufen jenes T-Bereiches, in dem das der Teilchenbewegung zuzuordnende $\dot{\varepsilon}$-Maximum liegt, die von der Größe her für eine Teilchenaufnahme geeigneten Poren eliminiert.

Zwischen dem in Bild 7a dargestellten Anfangs- und Endzustand existiert ein Stadium, in dem die Teilchen unter Reduzierung ihrer anfänglichen Kontaktfläche zu Nachbarteilchen bereits in den Hohlraum vorgerückt sind, mit den zukünftigen Partnern aber noch keinen neuen Kontakt geschlossen haben. Infolgedessen sollte sich die Dichte bzw. Schwindung kontinuierlich ändern, die Kurve des spezifischen elektrischen Widerstandes aber im T-Bereich der Teilchenbewegung keinen monotonen Verlauf aufweisen. Die für unterschiedliche Gründichten aufgenommenen Widerstandskurven (Bild 10) von Ni-Sinterkörpern bestätigen in Übereinstimmung mit den Aussagen des Bildes 9 diesen Sachverhalt.

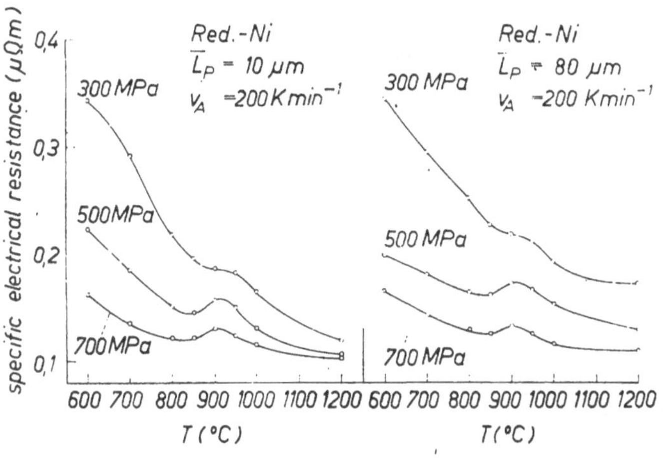

Bild 10 Änderung des spezifischen elektrischen Widerstandes während der Aufheizphase für Nickel-Pulverpreßlinge in Abhängigkeit von verschiedenen technologischen Parametern (nach [7])

Wenn der Materialausbau aus der Kontaktkorngrenze vorwiegend über Versetzungskriechen geschieht, dann müssen die in Verbindung mit diesem Materialtransportvorgang gemessenen $\dot{\varepsilon}_{max}$-Werte von derselben Größenordnung sein wie die nach der Beziehung von A. M. Kosevič [30] für gleiche Bedingungen und Defektzustände berechneten Geschwindigkeiten des Versetzungskriechens. Die in [27] zu diesem Zweck vorgenommenen und ausführlich beschriebenen Berechnungen bestätigen dies. Da, wie bereits erwähnt, die Gefügegroßwinkelkorngrenzen innerhalb der Pulverteilchen einen vernachlässigbaren, die Kontaktgrenzen hingegen den dominierenden Einfluß auf den Materialtransport ausüben, wurde in die Berechnung von $\dot{\varepsilon}$ in allen Fällen — $\dot{\varepsilon}_1$ für Diffusionskriechen über das Volumen (Nabarro-Herring) und $\dot{\varepsilon}_2$ entlang der Kontaktgrenzen (Coble) sowie $\dot{\varepsilon}_3$ für Versetzungskriechen (Kosevič) — an Stelle der Mittelkristallitgröße die mittlere Teilchengröße $\overline{L}_p$ eingesetzt. Um die Ergebnisse der Rechnung für die verschiedenen Materialien vergleichbar zu machen, mußten die dazu benutzten Gleichungen von Nabarro-Herring, Coble und Kosevič in geeigneter Weise normiert werden [27], was durch den Index n angezeigt ist, Bild 11 zeigt das Resultat. Die Meßwerte liegen auf der Kosevič-Geraden, d.h. daß die ihnen entsprechende große Schwindungsgeschwindigkeit nicht durch Diffusions- sondern Versetzungskriechen gesteuert wurde und dafür pro cm^3 Probenmaterial im Falle des Ni jeweils $2 \cdot 10^{10}$ cm und bei Cu $1 \cdot 10^{10}$ cm freie (bewegliche) Versetzungen „verbraucht" wurden. Die früher an Sintermodellen [20], [23] und Sinterpreßkörpern [25] gemessenen Versetzungsdichten stehen mit dem in Einklang. Auch Berechnungen, die in Verbindung mit der Untersuchung der Möglichkeit eines Teilchenabgleitens auf der Basis von Diffusion vorgenommen wurden, weisen auf Versetzungskriechen im Kontakt hin [28].

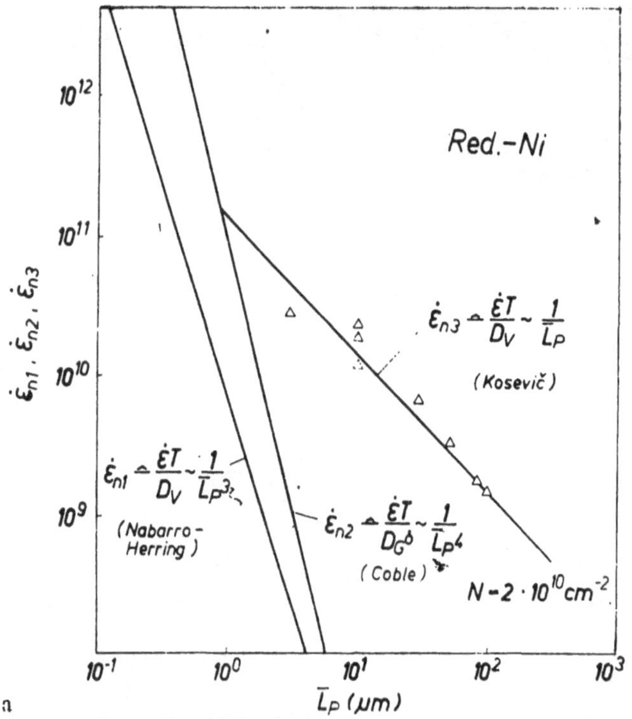

a

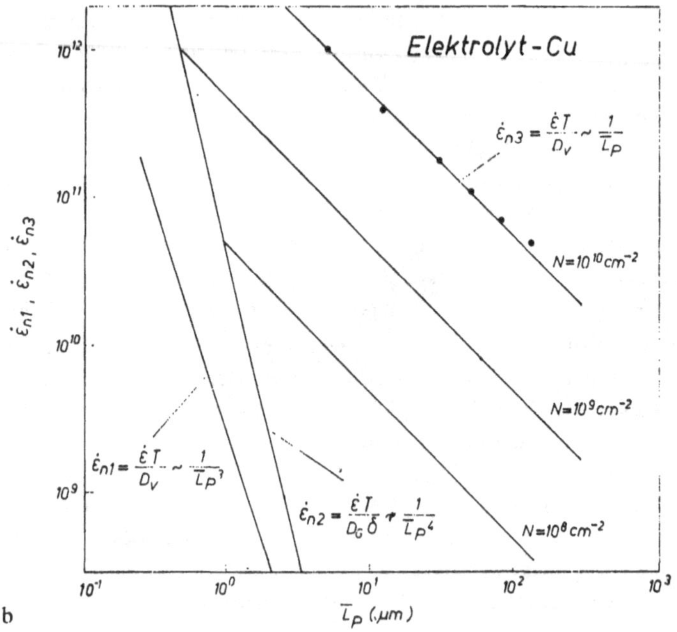

b

Bild 11 Darstellung der berechneten $\dot{\varepsilon}_{ni} = f(\bar{L}_p)$-Kurven für Ni-Sinterkörper (a) und Cu-Sinterkörper (b) und der gemessenen $\dot{\varepsilon}_{max} = f(\bar{L}_p)$-Werte (nach [27], [7])

3.2. Mehrkomponenten-Festphasensintern

Den auf eine Erniedrigung der freien Energie des sinternden Systems hinwirkenden Triebkräften des Einkomponentensinterns, die Reduzierung von freier Oberfläche und der Defektdichte, überlagert sich beim Festphasensintern heterogener Systeme, deren Komponenten völlig oder teilweise ineinander löslich sind, der mit Hilfe von Heterodiffusion abzubauende Konzentrationsgradient im Kontaktbereich chemisch unterschiedlicher Pulverteilchen.

In welcher Weise die Heterodiffusion die Verdichtung beeinflußt, wird unterschiedlich beurteilt. Die von I. M. Fedorčenko und I. I. Ivanova [31] an im Ausgangszustand heterogenen Ni—Co-Sinterkörpern unterschiedlicher Zusammensetzung nach 2 h isothermen Sinterns ermittelte Volumenschwindung korreliert mit den partiellen Diffusionskoeffizienten des Ni und Co (Bild 12). Danach fällt die Schwindung um so größer aus, je höher die Diffusionskoeffizienten liegen; sie ist aber in jedem Fall niedriger als die Schwindung der reinen Komponenten, also die der Ni- und Co-Sinterkörper. Von F. Thümmler und W. Thomma [32] am gleichen System durchgeführte Dilatometermessungen hingegen weisen bei einer Sintertemperatur von 900 °C für die Legierungen stets eine größere Schwindung als für Ni und Co aus, während mit Erreichen der Endsintertemperatur von 1 200 °C die Co-Sinterkörper maximal und die des Ni minimal geschwunden sind. Die dazwischen liegenden Zusammensetzungen alternieren und durchlaufen bei etwa Co60Ni40 ein flaches Minimum und für Ni60Co40 ein ebensolches Maximum der Schwindung.

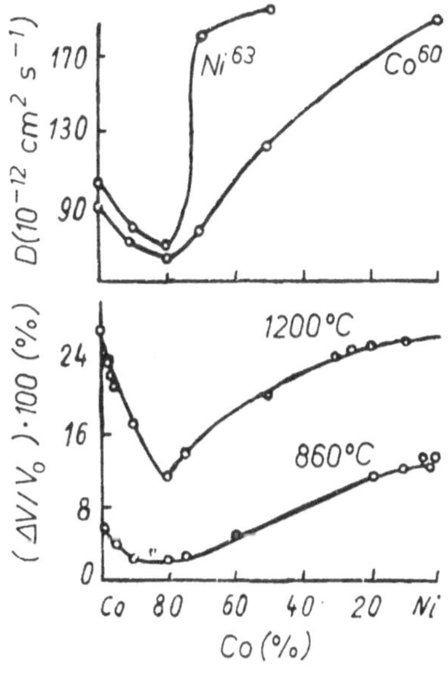

Bild 12 Partielle Diffusionskoeffizienten und Volumenschwindung $\Delta V/V_0$ im System Co—Ni (nach [31])

Angesichts derart differierender Resultate, die zudem noch nach Methode und Regime unterschiedlichen Untersuchungen entstammen, fällt es schwer, etwas Grundsätzliches zum Einfluß der Heterodiffusion auf die Sinterverdichtung auszusagen. Ansätze hierzu erscheinen jedoch möglich, wenn gleichzeitig mit ε und $\dot{\varepsilon}$ der Homogenisierungsgrad H gemessen und zumindest v_A variiert wird.

Dazu zunächst einen Überblick. In Bild 13 sind ε- und $\dot{\varepsilon}$-Verläufe von Ni- und Co- sowie Sinterkörpern unterschiedlicher Ni- und Co-Konzentration wiedergegeben. Ni und Co bilden eine lückenlose Mischkristallreihe mit einer >400 °C kfz-Struktur. Die Kurven des Ni entsprechen den in [7] aufgenommenen. Die Co-Kurven zeugen von einer geringeren „Deformierbarkeit" der Kontaktzonenbereiche. Die Stapelfehlerenergie des Co liegt deutlich unterhalb des erwähnten kritischen Wertes, so daß der Übergang von Mehrfachleerstellen in kletterfähige Versetzungen erschwert ist. Die

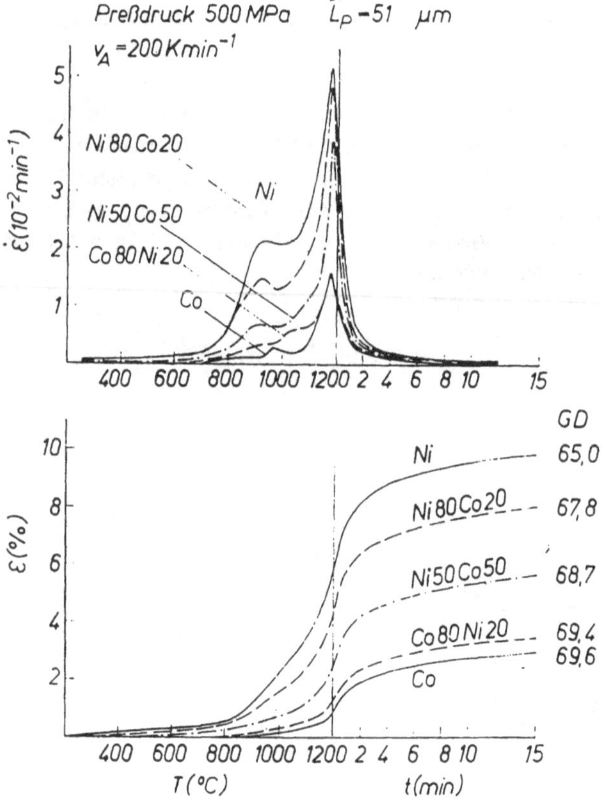

Bild 13 ε- und $\dot{\varepsilon}$-Verläufe von Sinter-Ni und Sinter-Co sowie verschiedenen NiCo-Sinterlegierungen. Ausgangszustand der Sinterlegierungen waren Preßlinge, die aus der der jeweiligen Zusammensetzung entsprechenden Mischung der Elementepulver hergestellt worden waren (K. Brand, W. Schatt); die Werte der Gründichte GD sind in Prozent der theoretischen Dichte TD angegeben

Kurvenzüge der dazwischenliegenden Konzentrationen fügen sich sinnvoll ein: mit abnehmendem Ni-Gehalt nimmt die „Deformierbarkeit“ des sinternden Materials, die sich in den ε und $\dot{\varepsilon}$-Werten ausdrückt, ab. Auch die etwas höhere Gründichte GD des Co ändert daran, wie Bild 14 lehrt, nichts Grundsätzliches.

Allein das Auftreten von $\dot{\varepsilon}$-Extrema läßt den Gedanken, daß die Verdichtung im Stadium intensiven Schwindens durch die Heterodiffusion gesteuert wird, nicht zu. Mehr Aufschluß noch zum Sintergeschehen gibt Bild 14, in dem neben ε und $\dot{\varepsilon}$ auch

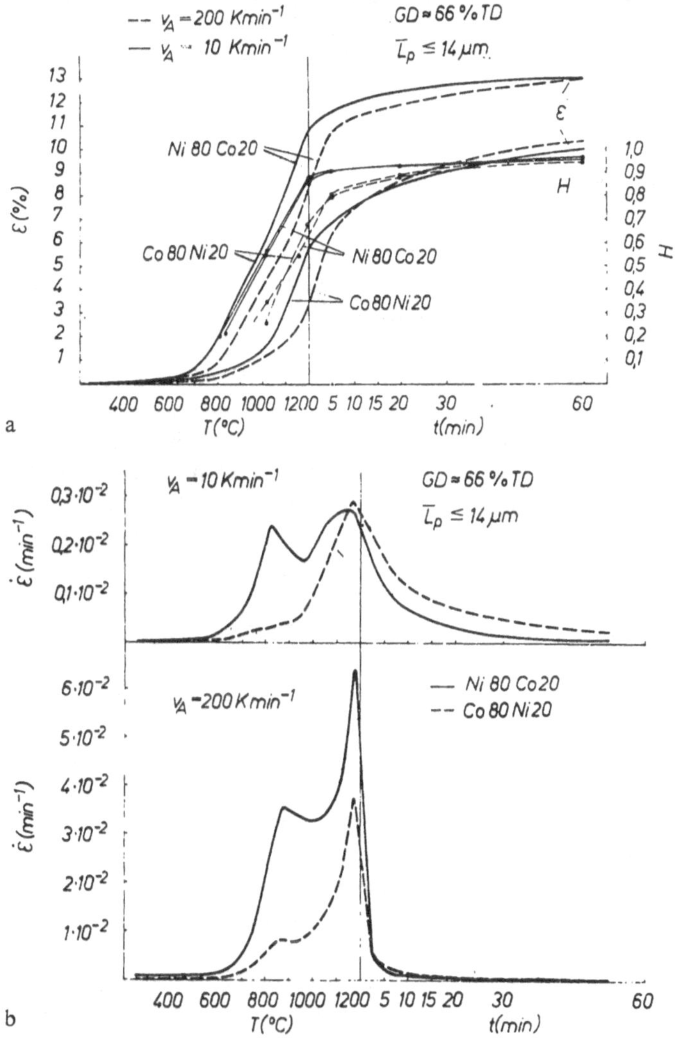

Bild 14 ε- und H-Verläufe (a) sowie $\dot{\varepsilon}$-Kurven (b) von Ni80Co20- und Co80Ni20-Sinterlegierungen für unterschiedliche v_A; für beide Legierungen beträgt GD ≈ 66% TD (K. Brand, W. Schatt)

der entsprechende Homogenisierungsgrad H für zwei repräsentative NiCo-Sinterlegierungen und extrem unterschiedliche v_A-Werte festgehalten sind. Der Homogenisierungsgrad stellt das Verhältnis von jeweils gemessener Mischkristallkonzentration und der Konzentration des gesättigten Mischkristalls dar.

Der Tatbestand, daß H nur von v_A und nicht von der Konzentration abhängt, ist mit dem Verlauf der Diffusionskoeffizienten in Bild 12 nicht vereinbar. Die H-Verläufe der Legierungen Ni80Co20 und Co80Ni20 decken sich praktisch. Das bedeutet, daß die Heterodiffusion nicht unter Gleichgewichtsbedingungen abläuft und daß im Hinblick auf die Schwindung nicht (wie im Bild 12) die Gleichgewichtsdiffusionskoeffizienten herangezogen werden dürfen. Die für beide Legierungen drastisch verschiedene Lage der ε- und $\dot{\varepsilon}$-Kurven ist, wie schon erörtert, dem Ni- bzw. Co-Einfluß zuzuschreiben. Hinsichtlich ihrer Charakteristika und v_A-Abhängigkeit zeigen die Kurven alle schon beim Einkomponentensintern diskutierten Merkmale, die auf eine Dominanz der in Bild 7 schematisch dargestellten Materialtransportvorgänge hinweisen.

Daß auch bei Vordergründigkeit von Kriechvorgängen die Verdichtung im Intensivstadium von der Heterodiffusion bzw. vom erzielten Homogenisierungsgrad merklich beeinflußt werden kann, wird am System Cu–Si deutlich, in dem die Si-Löslichkeit begrenzt ist (Bild 15). Bei langsamem Aufheizen ist zu Beginn der meßbaren Schwindung die Homogenisierung bereits soweit fortgeschritten und als ihre Folge die Mischkristallhärtung ausgeprägt, daß die dem Kriechen zugrunde liegenden Defektreaktionen spürbar gehemmt werden. Ob sich ein solcher Einfluß geltend macht, hängt vor allem von der Differenz der Größe der partiellen Diffusionskoeffizienten und der Aufheizgeschwindigkeit ab. Ist diese Differenz sehr groß, wie im System Cu–Si (800 °C: $D_{Si \to Cu} \approx 27 \cdot 10^{-10}$, $D_{Cu \to Si} \approx 5 \cdot 10^{-5}\ cm^2\ s^{-1}$), dann muß, um den Verdichtungsvorgang zu optimieren, v_A soweit erhöht werden, daß der infolge der Zeitabhängigkeit der Diffusion zu höheren Temperaturen verschobene steile Anstieg des Homogenisierungsgrades und der Ablauf von schwindungserzeugenden Defektreaktionen in dasselbe Sinterintervall fallen (s. Bild 15).

Die eine intensive Verdichtung bewirkenden Defektreaktionen fehlen ganz, wenn der CuSi4-Preßkörper nicht aus einem Elementepulvergemisch, sondern einem fertiglegierten (Mischkristall-Pulver hergestellt wird; ε ist um eine Größenordnung abgesunken.

Noch einige Worte zur Heterodiffusion in der Kontaktzone. Jüngste Sinterexperimente im isothermen Bereich mit Modellen Ni-Platte/Cu-Kugel haben gezeigt [33], daß auch im Kontaktgebiet von Heterosystemen erhöhte Versetzungsdichten ($N \approx 10^9\ cm^{-2}$) auftreten. Ihr Nachweis gelingt durch die Auswahl bestimmter Kosselreflexe, wodurch andere, gleichfalls die Kossellinien verbreiternde Einflüsse (z.B. Mischkristallhärtung) eliminiert werden. Es ist wahrscheinlich, daß die erste Reaktion der Kontaktformierung, die in jedem der Kontaktpartner im Streben nach Umbau der Kontaktgrenze und Erniedrigung ihrer Energie vonstatten geht, die Defektbildung in dem der Kontaktfläche benachbarten Volumen ist. Danach setzt eine dank der angereicherten Defekte (Wege erleichterter Diffusion) intensive und auf den Kontaktzonenbereich lokalisierte Heterodiffusion Cu → Ni ein, der nach Berechnungen anhand des Konzentrationsprofils in und unter der Kontaktfläche ein im Vergleich zum Gleichgewichtsdiffusionskoeffizienten ein bis zwei Größenordnungen größerer effektiver Diffusionskoeffizient zuzuordnen wäre. Im Zuge der örtlichen Heterodif-

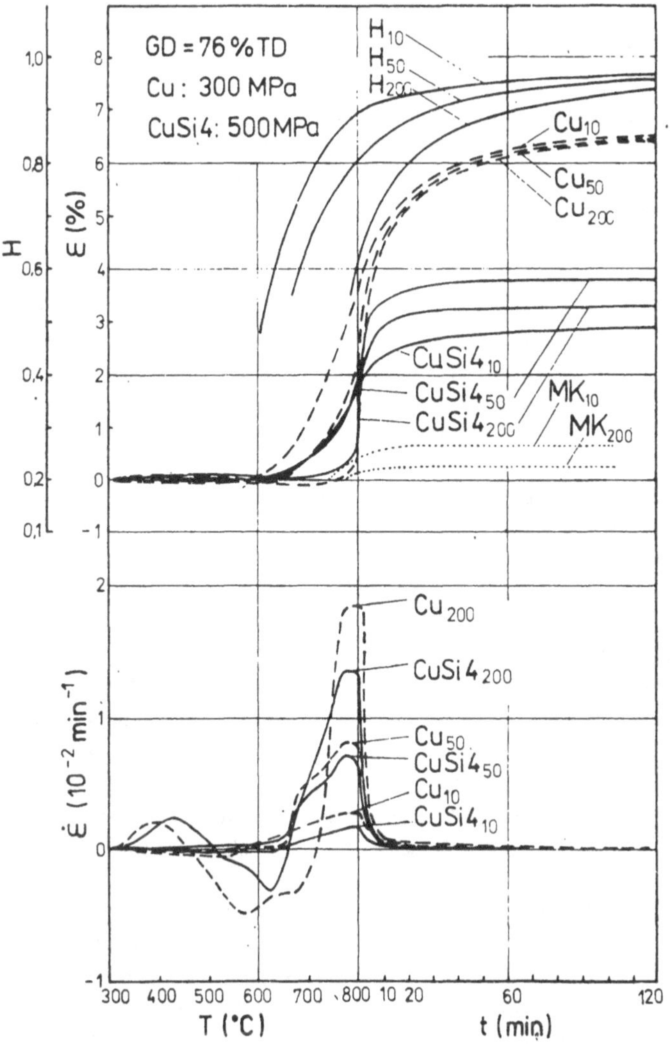

Bild 15 ε-, $\dot{\varepsilon}$- und H-Verläufe einer CuSi4-Sinterlegierung für v_A = 10,50 und 200 K min^{-1} (Index). Außer im Falle der mit MK bezeichneten Kurven, wo die Proben aus einem fertiglegierten Pulver angefertigt worden waren, wurden die Ausgangspreßkörper aus einer Mischung der Elementepulver hergestellt. Zum Vergleich sind die ε- und $\dot{\varepsilon}$-Kurven des Cu-Sinterkörpers mit aufgeführt, GD betrug für alle Proben 76% TD (W. Püsche, Ch. Sauer, W. Schatt)

fusion baut sich ein inhomogenes Spannungsfeld auf, dessen Schubspannungskomponenten auf den Gleitebenen so groß werden können, daß sie Versetzungsquellen aktivieren. Die wechselseitige Wirkung von Versetzungen und Heterodiffusion bedingt den besonders komplexen Charakter des Heterosinterns.

4. Schlußfolgerungen und Ausblick

Die dargelegten Untersuchungsergebnisse lassen den Schluß zu, daß die Existenz hoher Defektdichten im Teilchenkontaktbereich eine allgemeine Erscheinung des nichtisothermen Sinterns ist. Die Ursache dafür dürfte weniger im Wirken von Kapillarkräften als vielmehr in dem notwendigerweise zu vollziehenden Übergang vom Zustand einer Höchstenergiekontaktgrenze in den einer energieärmeren Gefügegroßwinkelkorngrenze zu suchen sein.

Die lokal hohen Defektdichten ermöglichen, ähnlich den Vorgängen bei der superplastischen Verformung, eine rasche Bewegung von Teilchen sowie Kontaktzonensubstanz in den Porenraum. Auf diese Weise sind die hohe Geschwindigkeit ($\dot{\varepsilon}_{max} \approx 10^{-2}$ min^{-1}) und der in bezug auf die Gesamtschwindung beobachtete große Anteil der Verdichtung in der nichtisothermen Phase des Sinterns zu verstehen.

Auch ein sinterndes Einkomponentensystem ist im Hinblick auf den Zustand des Teilchenkontaktbereiches und den des zentralen Teilchenvolumens „zweiphasig". Berechnet man nach einer Beziehung von B. Ja. Pines [10] die Viskosität η des defekten Kristalls, so erhält man beispielsweise für Cu-Systeme, in deren Kontaktbereich Versetzungsdichten $N \approx 10^{10}$ cm^{-2} gemessen wurden, bei einer Sintertemperatur von 900 °C $\eta \approx 10^8$ Pa · s [27] [34], während für den „normalen" kristallinen Festkörper $\eta \geq 10^{14}$ Pa · s gilt (10^8 pa · s ist die Viskosität eines flüssigen Natriumglases bei 600 °C). Beim Sintern und der Verdichtung spielt die niedrigviskose Kontaktzonensubstanz nicht schlechthin die Rolle einer Gleit- und Fließschicht. Vielmehr dient sie dem Materialumschlag. Damit Teilchen entlang der Kontaktfläche abgleiten und Kontaktzonensubstanz bei gleichzeitiger Annäherung der Teilchenzentren „ausfließen" kann, muß im Kontaktflächenbereich Material umgebaut werden; weg von den unter Kapillardruckkomponenten stehenden Gebieten, hin zu solchen, die unter Kapillarzug stehen.

Die Funktion der Kontaktzonensubstanz beim Festphasensintern ist durchaus der Schmelze ($\eta \gtrsim 10^{-3}$ Pa · s) beim Flüssigphasensintern vergleichbar. Denkt man sich in Bild 7 an die Stelle der defektangereicherten niedrigviskosen Kontaktbereiche eine Schmelze, so folgen daraus die für das Flüssigphasensintern typischen Materialtransportvorgänge: die Bewegung der Matrixteilchen auf den sie benetzenden Flüssigkeitshäuten und ihre Umordnung zu einer dichteren Packung bei gleichzeitiger Eliminierung von Porenraum sowie, bei begrenzter Löslichkeit der festen in der flüssigen Phase, die weitere Verdichtung über Auflösung und Wiederausscheidung von Matrixsubstanz bei gleichzeitiger Gestaltsakkomodation, wobei die gesättigte Schmelze lediglich als „Materialumschlagplatz" fungiert. Für die Umlösung des Materials aus den durch dünne Flüssigkeitsschichten getrennten Teilchenkontakten (Kapillardruckgebiete) und dessen Wiederausscheidung an (unter Kapillarzug stehenden) Orten, die in der Schmelze befindlichen Poren benachbart sind (Kingery-Mechanismus), sind weniger die Kapillarspannungskomponenten, sondern vielmehr die vom vorangegangenen Sintern in fester Phase (s. Bild 2) herrührenden Defektdichten im Teilchenkontakt maßgeblich [35] [36]. Demzufolge ist dort das Material „unedler“, so daß geschlossene Kontakte wieder aufgelöst und die Schmelze in bereits bestehende Fest-Fest-Kontakte penetrieren sowie die Materialumlösung von „unedleren“ zu „edleren“ Bereichen hin übernehmen kann.

Bei einer verallgemeinernden Behandlung und Beurteilung des Sinterns lassen sich zwischen Fest- und Flüssigphasensintern eine weitgehende Analogie und ein fließender Übergang erkennen (Bild 16). Außer den für alles Sintern ohnehin gleichen Prozessen im Sinterfrüh- und -spätstadium geschieht der größte Teil der Verdichtung in beiden Fällen als Teilchenbewegung und/oder Materialumfällung, deren jeweiliges Ausmaß von den technologischen Parametern und Phasenanteilen abhängt. Der konkrete Vorgang der gestaltsakkommodativen Materialumfällung, deren Richtung vom Vorzeichen der örtlich wirkenden Kapillarspannungskomponente bestimmt wird, richtet sich nach der Viskosität der Kontaktzonensubstanz bzw. danach, ob diese eine stark gestörte Fernordnung oder eine Nahordnung der Bausteine aufweist. Hinsichtlich

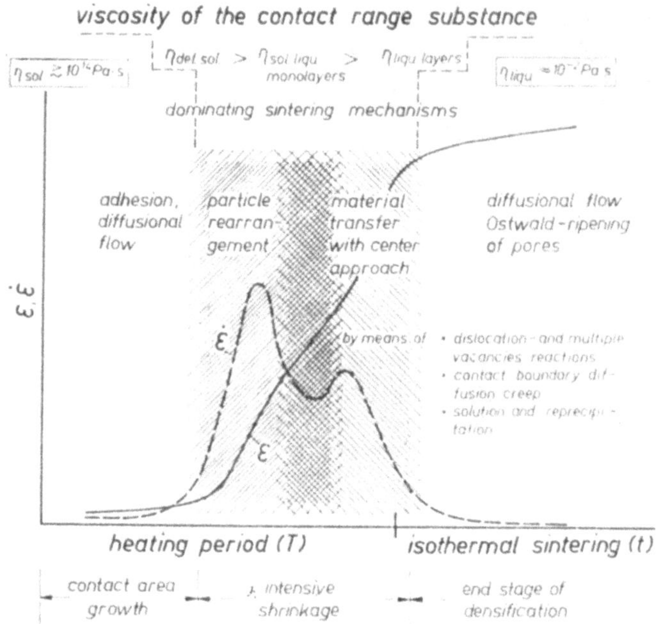

Bild 16 Schematische Darstellung des Sinterverlaufes und der in seinen verschiedenen Stadien vorherrschenden Vorgänge

Viskosität und Ordnungszustand der Kontaktzonensubstanz eine Mittelstellung einnehmen dürften Systeme mit festen und flüssigen Zweitphasen-(Mono-)Schichten, deren Dicke im nm-Bereich liegt, wie Ni-gedoptes Sinterwolfram oder Y_2O_3 stabilisiertes Zirkondioxid, und deren Zustand sich wegen der in sie hineinwirkenden Oberflächenkräfte der festen Matrixphase von dem der kompakten Form wesentlich unterscheidet. Diese wie auch die Einordnung von Sintermaterialien aus Feinstpulvern ($\bar{L}_p < 1\ \mu m$) bis hin zu den nanokristallinen Materialien, die durch ein großes spezifisches Kontaktzonenvolumen gekennzeichnet sind, bedürfen weiterer Untersuchungen.

Freilich ist eine Betrachtungsweise, die die Viskosität bzw. den Defektgrad der Kontaktzonensubstanz als das differenzierende wie auch verbindende Merkmal alles Sinterns ansieht, in ihrer Begründung noch lückenhaft. Doch ist sie geeignet, Anregungen für eine Richtung weiterer Arbeiten zu liefern, die ein progressives Verständnis des technischen Sintervorganges fördern.

Literatur

[1] D. Kolar: in: Mat. Sci. Res. Vol. 13, Ed. G. C. Kuczynski, New York und London, Plenum Press, 1980, 348

[2] B. Ja. Pines, A. F. Sirenko, N. J. Suchinin: Z. techn. fiz. **27** (1957) 1904

[3] C. S. Morgan, C. S. Yust: J. of Nuclear Materials **10** (1963) 182

[4] W. Schatt: Powder metall. int. **19** (1987) Nr. 2, 44, 56

[5] C. S. Morgan, V. J. Tennery: in: Mat. Sci. Res. Vol. 13 Ed. G. C. Kuczynski, New York und London, Plenum Press, 1980, 427

[6] Ja. E. Geguzin: Fisika Metallov i Metallovedenije, 1958 Vol. VI, **4**, 650

[7] W. Schatt, M. Hinz: powder metall. int. **20** (1988) Nr. 6, 17

[8] P. Greil, G. Petzow, H. Tanaka: Ceramics International **13** (1987) 19

[9] J.-K. Park, S.-J. L. Kang, K. Y. Eun, D. N. Yoon: im Druck

[10] B. Ja. Pines: Uspechi Fiziceskich Nauk, 1954, Vol. LII, **4**, 501

[11] V. A. Ivensen: Sci. of Sintering **10** (1978) 175

[12] F. V. Lenel: Powder Metallurgy, Metal Powder Industries Federation Princeton, New Jersey, 1980

[13] Ja. E, Geguzin; Ju. I. Klincuk: Poroskov. Met. **16** (1976) 17

[14] W. Schatt, E. Friedrich: powder metall. int. **13** (1981) Nr. 1, 15

[15] E. Friedrich, W. Schatt: Powder Metallurgy **23** (1980) 193

[16] W. Schatt, E. Friedrich: Z. Metallkde. **73** (1982) 56

[17] W. Schatt, E. Friedrich: Crystal Res. and Technol. **17** (1982) 1061

[18] W. Schatt, E. Friedrich: Powder Metallurgy **28** (1985) 140

[19] W. Schatt, K.-P. Wieters, M. Rolle: powder metall. int. **17** (1985) Nr. 4, 233

[20] W. Schatt, E. Friedrich, K.-P. Wieters: Freiberger Forschungshefte B 253, Leipzig, Deutscher Verlag für Grundstoffindustrie, 1985

[21] W. Schatt, K.-P. Wieters: powder metall. int. **18** (1986) Nr. 3, 135

[22] H.-J. Ullrich, G.-R. Schober, W. Schatt, R. Ortlebe, G. Geise: Wiss. Z. d. TU Dresden **28** (1979) H. 1

[23] H.-J. Ullrich, A. Herenz, E. Friedrich, W. Schatt, Ch. Döring: Mikrochimica Acta, Wien, 1983 I, 175
[24] R. Krause, A. Polity, W. Schatt, B. Vetter, M. Hinz: Crystal Res. and Technol., in Vorbereitung
[25] W. Schatt, Ju. I. Boiko, E. Friedrich, A. Scheibe: powder metall. int. **16** (1984) Nr. 1, 9
[26] A. Seeger (Hrsg.): Moderne Probleme der Metallphysik, 1. Bd., Berlin-Heidelberg-New York, Springer-Verlag, 1965, 112, 220
[27] W. Schatt, E. Friedrich: in: Powder Metallurgy, 1986, State of the Art, Vol. 2, Freiburg, Verlag Schmid GmbH, 1987, 101
[28] W. Schatt, E. Arzt, E. Friedrich, A. Scheibe: Z. Metallkde. **77** (1986) 228
[29] R. A. Andřievsky: Sci. of Sintering **19** (1987) 11
[30] A. M. Kosevič: Uspechi Fiziceskich Nauk SSSR, 1947, **114**, 509
[31] I. M. Fedorcenko, I. I. Ivanova: in: Teorija i technologija spekanija, G. M. Samsonov (Hrsg.), Kiev, Naukova Dumka, 1974, 253
[32] F. Thümmler, W. Thomma: in: Modern Developments in Powder Metallurgy, Vol. 1: Fundamentals and Methods, New York und London, Plenum Press, 1966, 361
[33] W. Schatt, A. Naumann, H.-J. Ullrich: in Vorbereitung
[34] W. Schatt, E. Friedrich, K.-P. Wieters: Reviews on Powder Metallurgy and Physical Ceramics **3** (1986) Nr. 1, 111 Seiten
[35] W. Schatt, S. Rolle, A. Sibilla, E. Friedrich: Sci. of Sintering **18** (1986) Nr. 1, 3
[36] W. Schatt, W. A. Kaysser, S. Rolle, A. Sibilla, E. Friedrich: powder metall. int. **19** (1987) 14, 37

FSC
www.fsc.org
MIX
Papier | Fördert gute Waldnutzung
FSC® C083411

Kolibri 360 GmbH
Ferdinand-Jühlke-Straße 7
99095 Erfurt, Deutschland
produktsicherheit@kolibri360.de